故事的开始

　　青藏高原上栖息的黑颈鹤，每年飞往南方过冬。这一次，我们跟着黑颈鹤的迁徙路线，来到了云南西北部，开启了新的故事。这里有一片崇山峻岭，是横断山脉的一部分。我们从谷底出发，一路前往普达措国家公园，寻找黑颈鹤的家，观察它们的生活。

　　据说，"普达措"意为"乘舟渡去彼岸的湖"，此处的湖是指横断山脉上的高原湖泊碧塔海。它是构造运动与冰碛形成的湖，宁静的湖里生活着原始鱼类，远处的雪山上反射出灿烂耀眼的光，而黑颈鹤正栖息在湖光山色间的湿地中。

　　在此，要特别感谢摄影家周志旺老师提供珍贵资料并不厌其烦地解说，这一番番美景，在他的摄影作品中都有艺术性的展现。

作者　2020年12月于云南

中国国家公园

普达措国家公园

文潇·著 苏小芮·绘

广东旅游出版社
GUANGDONG TRAVEL & TOURISM PRESS
悦读书·悦旅行·悦享人生

4月，在青藏高原上，一只小黑颈鹤破壳而出，3个月后，小鹤已经学会了飞行。10月末，青藏高原上天寒地冻的冰封期就要来临了，黑颈鹤一家翩然起飞，跟随鹤群飞往南方过冬。

它们飞下高原，飞向河流，飞过一个个隘口……它们尽量低飞，以节省体力。一路上，有沙鲁里山做地标。经过几天辛苦的飞行，黑颈鹤群来到了青藏高原东南边缘的横断山脉中。

黑颈鹤迁徙路线

我国境内的黑颈鹤有多条迁徙路线。小黑颈鹤一家飞的是路线2。

路线1：从四川北部出发，经大渡河流域到云南东北部、贵州西北部。

路线2：从青海省南部、四川西部出发，经沙鲁里山到云南西北部。

路线3：从甘肃盐池湾到西藏拉萨。

路线4：从我国新疆东南部、甘肃西部、青海西部、西藏中西部飞到雅鲁藏布江，或进一步穿越喜马拉雅山到南亚地区。

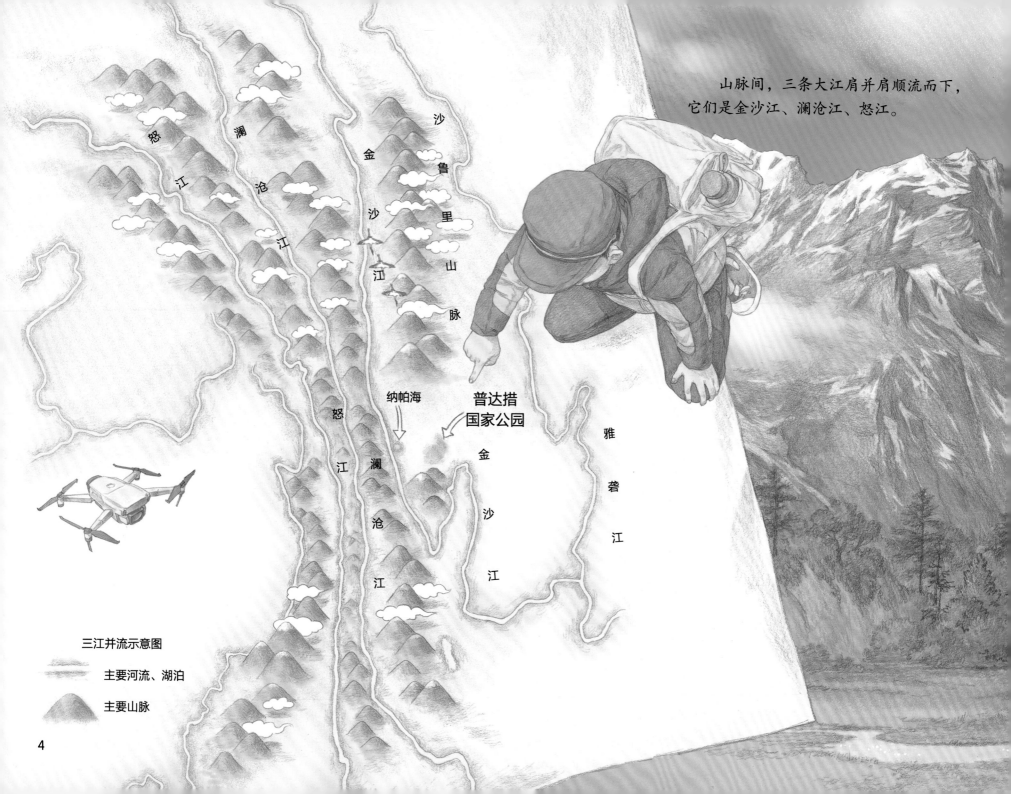

山脉间，三条大江肩并肩顺流而下，它们是金沙江、澜沧江、怒江。

怒江

澜沧江

金沙江

沙鲁里山脉

纳帕海

普达措国家公园

金沙江

雅砻江

怒江

澜沧江

三江并流示意图

主要河流、湖泊

主要山脉

4

　　这里的地貌很复杂，遍布着山峦峡谷、森林草甸、河流湖泊……最高处是雪山，山脚下是河谷。碧塔海位于普达措国家公园的核心位置，像点缀在高山林海中的一颗明珠。

5

　　黑颈鹤沿着一条河谷飞行，虽然日历已经翻到了11月，但谷底没有冬天，人们只穿一件外套就够了。

　　同样是在横断山脉，大熊猫生活的河谷植物茂盛、湿润多雾，这里却截然不同；尽管河水滔滔奔涌，两岸的土地却异常干旱。谷底空气燥热，尘土飞扬，除了仙人掌和小叶灌木，别的植物都不爱在这里生长。

　　这样的河谷被称为"干旱河谷"。

干旱河谷

横断山脉的气候有许多不同的类型，干旱河谷是其中一种局部小气候类型。其中最热的河谷称作干热河谷，年平均气温20摄氏度。滇西北干旱河谷的高温来自热带、亚热带气候，山顶比较凉爽，空气中的热量则保留在河谷中。湿润的西南季风从海洋吹来，快爬到山顶时遇冷降雨，失去了水汽；气流翻过山顶、进入河谷后已经很干燥，造成干旱。这里的干旱河谷处于西南季风的背风坡；而大熊猫栖息地却在东南季风的迎风坡，故而温暖、多雨。

降雨

冷

暖空气

西南季风

冷空气

迎风坡　背风坡

暖

干旱河谷"焚风效应"示意图

水土改造

干旱河谷水土流失严重，小树苗还没长大就枯死了，科学家们一直在努力研究种树、种草的可能性。在光热充足的河段，人工种植的葡萄、杧果获得了丰收。

杧果

河谷往上，是绕来绕去的盘山路，路旁生长着中海拔山区常见的阔叶林。

这条路是滇藏公路，连通云南和西藏。青藏高原上蔬菜很少，可以通过这条路开车运上去。

盘山路上经常有接近180度的急转弯，非常惊险！

更惊险的是建设中的滇藏铁路，巨大的桥柱拔地而起，撑起了悬崖之间雄伟的铁路高架桥。未来，高铁将从丽江通往香格里拉——听说黑颈鹤常常会飞往香格里拉过冬。

用无人机拍下这壮观的大桥吧。

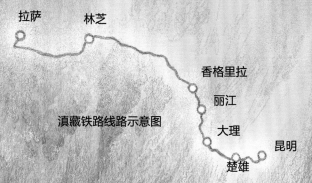

拉萨　　林芝

香格里拉

丽江

滇藏铁路线路示意图　　大理

昆明

楚雄

气候与植被类型

三江并流区域海拔最高处是6700多米的梅里雪山，低处则是1000米以下的干旱河谷。这里地貌复杂，山路难行，一路上可以经历热带、亚热带、温带、寒带等多种气候，植被的变化也很大。

在这里，由于高山阻隔，距离相近的同一物种也可能演化出不同的类别。同样，人类也可能形成许多不同的族群。

自古以来，崇山峻岭中就住着许多不同的民族：彝族、白族、傈僳族、纳西族、藏族、汉族……有了公路以后，大家可以坐车穿山越岭，来往更方便了。

人口数量（人）

13.42万
11.24万
4.68万
3.98万
1.66万
1.52万
0.23万 0.15万 0.11万

藏族　傈僳族　纳西族　汉族　彝族　白族　普米族　苗族　回族

迪庆千人以上民族人口数量图（2020年数据）

盘山路越升越高，游客们乘着车到普达措国家公园的碧塔海景区游玩。看，前方的山坡上刚刚落下了今年的第一场雪，黑颈鹤越过山坡，寻找落脚的好地方。

碧塔海景区到了。这里其实是山峦中的一块高原，平均海拔3500米。碧塔海是个开阔的高原湖泊，意思是"栎树成毡的海"，因为它周围长满了栎树。

普达措国家公园

海拔：3500~4159米
年平均气温：5.4摄氏度

山地

沼泽

村落

牧场

森林

湖泊

草甸

此刻，大湖像镜子一样明亮、平静。

天空和水都清澈极了。天地间，偶尔有几匹孤独的马在饮水。

碧塔海仅有一种土著鱼类：中甸叶须鱼。从第四纪冰期起，它就生活在深不可见的湖底，几乎不到水面造访。尽管没有天敌，附近的藏民也不吃鱼，但它还是面临灭绝的危机。原来，这个高原湖泊是封闭的，一旦湖水有污染，水里就会缺氧——中甸叶须鱼就会在湖底憋死。为了保护中甸叶须鱼，人们现在不在湖上划船，也不投放其他外来物种进去，以保持湖水的生态健康。

中甸叶须鱼

体长：10～35厘米
体重：1千克以下
腹部有一条细细的"缝纫线"，属于裂腹鱼亚科。
嘴唇看起来有三层，又叫"重唇鱼"。

湖周围的山坡上除了栎树外，也长满了各种针叶乔木。树梢上到处挂着松萝，在清冽寒冷的空气中摇摆。

河谷的热气早已经完全不见了，地面上落着不太厚的雪。人们在森林里行走，要穿上羽绒服。

松萝

红桦树

川滇高山栎

松鼠

高山松

高山柳灌丛

高山栎灌丛

阳坡

金猫

灰背杜鹃

林麝

有的植物喜欢阳光，有的更适合阴冷的环境。在太阳常照的阳坡上，生长着高山栎、杜鹃灌丛、柳灌丛等。

阴坡上主要长着耐阴的云冷杉林。肥肥的小松鼠在四下找松果吃。

油麦吊云杉

长苞冷杉

云豹

猞猁

狝猴

阴坡

藏马鸡

血雉

毛冠鹿

17

　　林地还盛产菌类，有上百种。鸡枞、松茸、干巴菌……味道都不错。洛茸村就坐落在普达措国家公园里，当地村民不仅自己爱吃菌子，还会去林子里采集菌子卖到全国各地。其中最受欢迎的是松茸。村民们每年卖松茸的钱就是一笔不小的财富。

村落和青稞架

　　普达措国家公园里有不少自然村落，这些村落半耕半牧，拥有草场和田地。村民主要种植青稞，收获后晾晒在架子上。平时村民也会参与管理国家公园。

村落上空，飞过一片鹤影。黑颈鹤群远远望见一大片湿地，零星几只越飞越低，打算今晚在这里住下。不过，小黑颈鹤一家决定飞得更远一些。

菌子在夏季采摘，晒成干货后可以一直保存到秋冬季节食用。

19

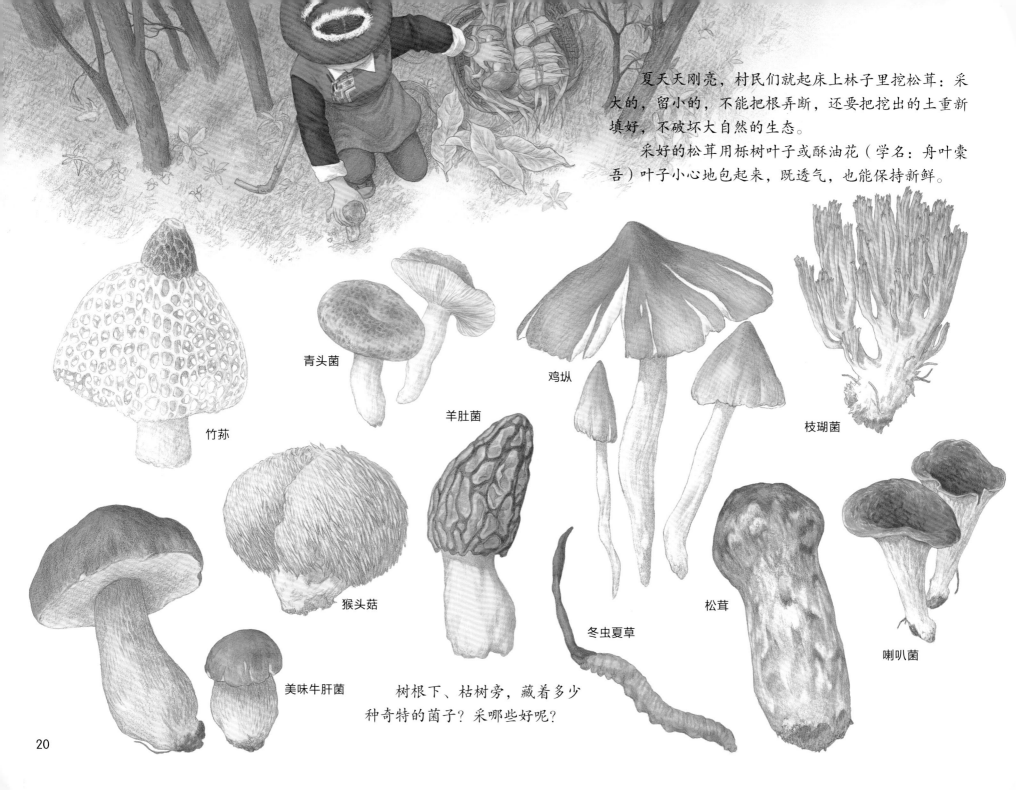

夏天天刚亮，村民们就起床上林子里挖松茸：采大的，留小的，不能把根弄断，还要把挖出的土重新填好，不破坏大自然的生态。

采好的松茸用栎树叶子或酥油花（学名：舟叶橐吾）叶子小心地包起来，既透气，也能保持新鲜。

竹荪

青头菌

羊肚菌

鸡枞

枝瑚菌

猴头菇

冬虫夏草

松茸

喇叭菌

美味牛肝菌

树根下、枯树旁，藏着多少种奇特的菌子？采哪些好呢？

有毒的菌类绝对不能采！
欢迎光临"毒蘑菇大家族"，
来认识一下，哪些是毒蘑菇！

网孢牛肝菌

亚稀褶红菇

豹斑毒鹅膏菌

小美牛肝菌

毒蝇鹅膏菌

洁小菇

墨汁鬼伞

白毒伞

吃野山菌要小心，
不生吃，不混吃，
不明种类不要吃；
煮熟煮透再开吃，
大人喝酒不要吃！

裸盖菇

21

它们飞过树林……

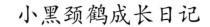

终于可以好好观察黑颈鹤了，激动！

赶紧拿出相机和笔记本，把观察到的一点一滴都记录下来吧！

小黑颈鹤成长日记

1 鹤宝宝睡在可爱的青色卵中。

小黑颈鹤一家的迁徙之旅

青海隆宝滩保护区

繁殖地。

位于青藏高原东缘。栖息着上千只黑颈鹤。每年3—5月，黑颈鹤在此产卵、孵化后代。

2 鹤宝宝啄开卵的钝端，破壳而出。

通天河、沙鲁里山系

迁徙停歇地。

沙鲁里山系属横断山脉，经金沙江。

迁徙路程：700~800千米

迁徙耗时：4~10天

4 亚成体，羽毛上有很多花斑。

3 幼鹤浑身棕黄色绒毛，还不会飞。

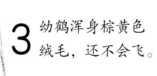

纳帕海

越冬地。

夏季是一片水面，秋冬季水位回落，形成沼泽湿地。

25

飞过牦牛身旁……
降落在一片湿漉漉的草滩上。
这里是纳帕海。

黑颈鹤妈妈翻出草根，递到小黑颈
鹤嘴里，好像在说："这儿的草根真香
甜，咱们就在这儿安营扎寨。"

飞过草场和田地……

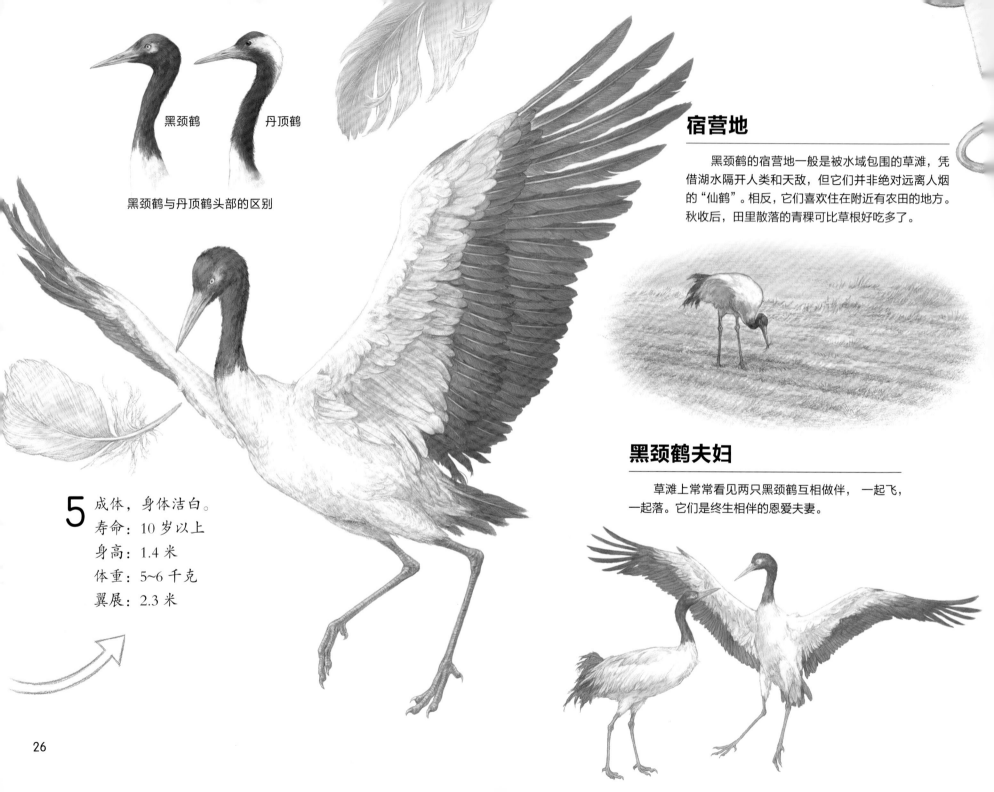

黑颈鹤　　　丹顶鹤

黑颈鹤与丹顶鹤头部的区别

宿营地

　　黑颈鹤的宿营地一般是被水域包围的草滩，凭借湖水隔开人类和天敌，但它们并非绝对远离人烟的"仙鹤"。相反，它们喜欢住在附近有农田的地方。秋收后，田里散落的青稞可比草根好吃多了。

黑颈鹤夫妇

　　草滩上常常看见两只黑颈鹤互相做伴，一起飞，一起落。它们是终生相伴的恩爱夫妻。

5 成体，身体洁白。

寿命：10 岁以上

身高：1.4 米

体重：5~6 千克

翼展：2.3 米

食物

繁殖地食物：鱼，植物的茎叶花果。

越冬地食物：草根、鱼虾、螺蛳、残余农作物。

这条小鱼给我吃嘛！

你都快跟我一样高了，还从你妈嘴里抢吃的，自己找食儿去！

它还是个孩子……

随着小黑颈鹤长大，鹤爸爸、鹤妈妈已经不乐意让它太依赖自己了。

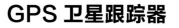

GPS 卫星跟踪器

有了这个，大大方便了观测和确认黑颈鹤的多条迁徙路线。

科学家的观测工作

环志

科学家们给鹤妈妈戴上脚环，通过卫星遥感，追踪它飞去了哪里。

望远镜

黑颈鹤并不讨厌和别的鸟类甚至牛羊待在一起，但不接受人类的靠近。人类一旦靠近，就会惊动黑颈鹤群，它们马上就会伸展双翅，集体往前低飞一阵，再落下休憩。所以人类想看清它们，只能靠望远镜。

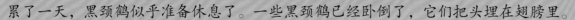

累了一天，黑颈鹤似乎准备休息了。一些黑颈鹤已经卧倒了，它们把头埋在翅膀里。

其实，湿地里还有许多与黑颈鹤相伴的鸟类伙伴。赤麻鸭是黑颈鹤的老邻居了，通常也都是终生相伴的恩爱夫妻。斑头雁喜欢热闹，跟左邻右舍都能混熟，家里还有五六个娃。但如果它们到处乱叫，实在太吵闹，黑颈鹤会嫌弃地把它们赶走。

雄性赤麻鸭

雌性赤麻鸭

斑头雁

不过，吵归吵，闹归闹，到了睡觉的时候，大家总会聚到一起，互相担任警戒工作。湿地的夜晚多么安详！鸟儿们安心地睡了。

直到来年3月，它们才会重新起飞。

也许在梦中，它们会再次飞过雪山和草地……
飞回到小时候出生的地方。

文潇

童书创作者。

著有诗歌、童话、科普作品多部。

作品有《长安！长安！：穿越中华古都立体书》《舞狮》等儿童读物。

作品曾入选 2020 年度"中国儿童文学精选"。

苏小芮

插画师、设计师，中央美术学院建筑学硕士。

参与绘制《中国国家博物馆儿童历史百科绘本》系列（荣获十多项国内大奖），创作《敦煌：中国历史地理绘本》（2020 年桂冠童书大奖）。

图书在版编目（CIP）数据

中国国家公园. 普达措国家公园 / 文潇著；苏小芮绘. 一 广州：广东旅游出版社，2022.6

ISBN 978-7-5570-2767-4

Ⅰ. ①中… Ⅱ. ①文… ②苏… Ⅲ. ①国家公园 – 香格里拉县 – 儿童读物 Ⅳ. ①S759.992-49

中国版本图书馆CIP数据核字(2022)第085816号

中国国家公园. 普达措国家公园
ZHONGGUO GUOJIA GONGYUAN. PUDACUO GUOJIA GONGYUAN

出版人：刘志松　　责任编辑：梅哲坤　　责任技编：冼志良　　责任校对：李瑞苑

广东旅游出版社出版发行

地址：广州市荔湾区沙面北街 71 号首、二层

邮编：510130

电话：020-87347732

印刷：北京盛通印刷股份有限公司

（地址：北京市北京经济技术开发区经海三路 18 号）

开本：889 毫米 ×1194 毫米　1/16

字数：50 千

印张：2.625

版次：2022 年 6 月第 1 版

印次：2022 年 6 月第 1 次印刷

定价：49.80 元

打开《中国国家公园》，
　感受天地共存，
　万物共生的魅力。

1980 年在新疆成立的托木尔峰国家级自然保护区，1987 年在甘肃成立的祁连山国家级自然保护区，1993 年在西藏成立的羌塘国家级自然保护区，2000 年在青海成立的三江源国家级自然保护区。

读博士期间，我去三江源调研过多次。从北京到三江源有 2000 多千米，我通常要换乘几种交通工具。我先从北京坐飞机到西宁，可以从万米高空俯视广阔的华北平原、黄土高原，然后景观逐渐变为辽阔的草原、蜿蜒的河流、耸立的群山；到西宁后换乘汽车，沿途经过高寒草甸、高寒草原、高寒荒漠等，可以近距离看到高原鼠兔、喜马拉雅旱獭、藏原羚等动物。在这个过程中，我脑海中的中国逐渐从书本上"幅员辽阔，地大物博"的文字描述，变成一幅立体的壮美长卷。

平时极难寻觅到雪豹的踪迹，但是冬天雪后，雪豹的脚印很好认。印象最深的是，有一次我们调查青海省囊谦县的一块雪豹栖息地，用了三个小时爬上山脊。山顶上的积雪齐膝，我们每挪动一步都要花费很大的力气，最后却所获寥寥。正当我们精疲力竭、极度失望的时候，突然有两行雪豹的脚印出现在眼前。我们跟着雪豹的脚印，走了几百米之后，出现了两行清晰的小的雪豹脚印和刚才的脚印合在一起，一定是母子两个！我们沿着山脊线，跟着这四行脚印前行，中间爬累了坐下休息时，我望着视野内方圆几百平方千米的山脉，仿佛明白这些山脉在雪豹眼里的样子。我想象雪豹在这里俯视自己的雪山王国、规划自己迁徙的路线；我甚至想象数百万年前的青藏高原，在冰期到来的时候，雪豹以同样的方式沿着山峦的脉络一步步地向外扩散到了整个青藏高原及其周边地区。

在三江源虽然容易跟踪和监测到野生动物，但这里的冬天非常难熬，晚上的气温会低到零下四十摄氏度，白天山谷里寒风会有五六级。我们有时会跟着保护站的工作人员一起做监测和巡护。当时，整个三江源国家级自然保护区被划分为 18 个保护小区，设有 21 个保护站，每个站点只有两三个人。保护区的许多地方没有路，工作人员就骑着摩托车在冻住的草甸上找路前行，我坐在摩托车后座上又颠又冷。有时遇到无法绕过去的河流，需要卷起裤管蹚过冰冷的河水。在覆盖面积大、道路崎岖的保护小区，巡逻一圈有时需要近两个月，十分艰难。当地不少牧民自发地成立了自然保护协会，用业余时间巡护和守卫他们的家园。

2016 年，三江源国家级自然保护区成为中国第一个试点国家公园，并于 2021 年正式设立三江源国家公园，是中国首批国家公园之一，解决了之前多头保护、权责不明等问题，并被纳入了全国生态保护红线区域管控范围。三江源国家公园有 1.7 万名生态管护员一起持证上岗，我当年访谈过的很多牧民也成了生态管护员。

我所经历和描述的三江源的雪豹保护事件只是中国生态保护的一个缩影。国家公园将成为中国自然地保护体系的主体，在大尺度上保护具有影响力的旗舰种、重要典型的生态系统、独特珍贵的自然景观。2021 年首批成立的国家公园除了三江源国家公园之外，还包括大熊猫国家公园、东北虎豹国家公园、海南热带雨林国家公园、武夷山国家公园。这些国家公园分别代表了中国最具特点的青藏高原高寒、大熊猫栖息地、温带针阔叶混交林（东北虎豹栖息地）、大陆性岛屿型热带雨林以及中亚热带常绿阔叶林等生态系统。

我推荐这套《中国国家公园》绘本给所有孩子，尤其是像我一样出生和成长在城市里、没有很多机会去了解和接触国家公园的孩子。这套绘本从大的时间、空间尺度，用可爱逼真的绘画、平实浅白的语言介绍了国家公园里物种生态、演化的科学知识。书中还融入了人类对生态环境造成的威胁以及物种保护行动等内容，可以帮助孩子思考如何看待野

无能为力。越是年幼，越是如此。对于1～3岁的孩子来说，不带有任何目的地进入自然环境，以惊叹和玩耍的姿态与自然物进行互动，动用所有的感官拥抱自然界的一切，就可以发展他们的身体和感官，同时还可缓解他们的紧张情绪，丰富他们的心灵，建构他们的人格；而对于4～6岁的孩子来说，还可以运用自然界无限的材料去实现一个个他们想象中的图景，实现他们的目标，强化自我效能感。在这样的过程中，孩子自然发展出对自然的信任和热爱，而这样的热爱与身体反应直接联结，无须认知的参与，多数时候也无须成人输入相关的认知。所谓"自然缺失"，缺少的正是这个部分：在大自然开放而包容的环境中，与自然物进行深度交流，从而使内在的自我得到发展。而且，即使仅从认知的角度，与自然直接接触的经验也非常重要。对于孩子来说，与自然互动获得的直接经验以及过程体验，将是他们未来学习——不论是在科学领域还是在艺术领域——的重要基础。所以，自然教育现阶段的重点，就是让孩子们拥抱自然。

国家公园的设立，重要的目标之一就在于提供自然教育的场所，使得孩子可以直接与大自然互动，从大自然这位博大而慷慨的老师那里获得直接的体验、可转移的经验，以及无尽的好奇心。当然，这个场所不必是国家公园，也可以是我们的城市公园、郊野公园，非公园的自然之地，大爷大妈的晨练之所，年轻父母遛娃的去处。

所以，带孩子到大自然中去吧！我想本书的作者应该有和我一样的想法。书里总会出现一对母子，他们像是科学家，也像是旅客，他们在纳帕海观察黑颈鹤觅食，在牧民的帐篷边追寻雪豹的足迹，坐在溪边的大石上听小鸟歌唱。他们的姿态从容专注，他们的神情自信愉悦。这是一个暗示，也是满心的期待。

——天下溪青蓝森林园联合创办人，教育学博士　张国兵

走进国家公园的自然教育场域

这是一套科普绘本。科普绘本区别于其他儿童绘本的重要品质在于，其内容具有相当高的科学性，而且这些内容不仅是文字，还包括每一帧图画，它们必须是真实而准确的。此外，作为科普读物，其呈现方式还得是有趣的，如此其意趣方能不胫而走，达到普及的效果。

这套书有三本，分别呈现了三个国家公园的地质环境、生态环境以及人类活动。作者构思巧妙，在每本书中以一种引人注目的动物切入现场，并以该动物为线索，介绍整个国家公园，从而使每本书都有一以贯之的主线，使它避免碎片化，而体现有趣的智力活动和情感活动。例如《普达措国家公园》，以黑颈鹤一家的迁徙为线索，串起了普达措的地形、气候、植被、动物等信息，随着地点的切换，还有丰富的知识点穿插其中。读者小朋友或许会读很多遍：读第一遍时，追随黑颈鹤的行程，聚焦黑颈鹤一家的饥饱冷暖，于其中产生一定的代入感，爱上这种顽强而优雅的生灵；读第二遍时，就可能注意到宽阔的画面中还有一些散在或隐藏的信息，因而徜徉其中。有的小朋友对地形、地貌有兴趣，有的小朋友对动物、植物、微生物有兴趣，有的小朋友对科学考察有兴趣，等等，他们均可在这套书里找到喜欢的东西，细细品读，反复琢磨那些精美的图画、及时的旁白、准确的解释和插入的知识点。所以优秀的科普绘本除了真实、丰富、有趣，还有相当的"厚度"，值得反复阅读。

我期待，以这样的科普绘本为起点，真正的自然教育将随之发生。人类是自然之子，但在现代生活方式下，我们在很大程度上已物理地与自然脱离，"自然缺失症"已经成为一个被广泛关注的问题，而自然教育越来越受到重视。

人的心理成长大体可分为认知层面，情感、态度层面以及感受、行动层面，教育的作用也可以此区分。自然教育同样。对于知识的传授，我们现有的教育体系高效而简洁，所以传统教育体系习惯以认知统领甚至代替情感和行动——而这也是其失败之处：由认知层面而进入情感、态度层面（感激、珍视自然），在表面上也是可行的，但对自然的真正热爱很难通过认知来培养；而要进入感受、行动层面，认知的引领基本

生动植物与其生存环境、人与自然之间的关系。

有机会的话，你可以带孩子去国家公园看看，和孩子一起观察和体验大自然的多姿多彩，了解生活在那里的人以及他们的文化。世界上没有一个国家像中国一样拥有如此广袤的生态系统、独特的自然景观、丰富的生物多样性。

—— 北京大学动物学博士，加州大学伯克利分校博士后　李娟

这套图文并茂且精美的《中国国家公园》绘本，带给我们几个重要的信息：首先，国家公园是保护生物多样性的重要据点；其次，雪豹是维持充满活力的山地生态系统的核心；最后，我们有责任保护这些景观，而作为回报，它们可以提供生态、经济和社会学的和谐，使所有人受益。

—— Panthera 雪豹项目主任，博士　拜伦·韦克沃斯

中国国家公园

导读手册

廣東旅游出版社
GUANGDONG TRAVEL & TOURISM PRESS
悦读书·悦旅行·悦享人生

三江源的雪豹保护

　　我的电脑桌面是一张照片，照片里我站在第一次看到雪豹的那座山的高高的山脊上，背后是群山。那是世界上海拔最高的高原——青藏高原上一座雪山的山脊，离天很近，有看不够的蓝天白云、飞禽走兽，山下是藏民的黑帐篷。那时我还在读博士，在青海三江源国家级自然保护区（三江源国家公园的前身）进行雪豹的保护生物学研究。在受邀审阅这套《中国国家公园》绘本的时候，我的思绪又回到了那里。

　　三江源地处青藏高原腹地，是长江、黄河、澜沧江的源头汇水区，有"中华水塔"之称。这里保存大面积原始的高寒生态系统，是青藏高原生物多样性最集中的地区。但同时，这里也是北半球气候变化的敏感区域，生态系统十分脆弱。雪豹作为这里的山地生态系统的关键种，在维持这里独特的生态系统的稳定上发挥了重要的作用。雪豹也被选为生态保护的旗舰种，对雪豹及其生存环境的保护可以使青藏高原其他许多物种受益。

　　20世纪50年代到80年代，雪豹在中国经历了一段比较困难的时期。由于雪豹捕食家畜，并且它们的皮毛具有经济价值，所以被大量猎杀。这一情况在80年代后期得到了改变。1989年，雪豹被列为国家一级保护动物。中国在雪豹的分布地方也逐步成立了一系列自然保护区，包括